Smart~Kids

Robyn Brice, Anne Hathway

Mathematics

奔跑吧数学

英汉对照

1级
Grade 1

探索奇妙的数学世界

〔英〕罗宾·布莱斯
　　　安妮·海瑟薇　主编

　　　许译丹　译

天津出版传媒集团
天津科技翻译出版有限公司

著作权合同登记号：图字：02-2016-10

图书在版编目(CIP)数据

奔跑吧，数学：探索奇妙的数学世界. 1级：英汉对照/(英)罗宾·布莱斯(Robyn Brice)，(英)安妮·海瑟薇(Anne Hathway)主编；许译丹译. —天津：天津科技翻译出版有限公司，2016.8

书名原文：Smart-Kids Mathematics：Grade R

ISBN 978-7-5433-3623-0

Ⅰ.①奔… Ⅱ.①罗… ②安… ③许… Ⅲ.①数学-儿童读物-英、汉 Ⅳ.①O1-49

中国版本图书馆 CIP 数据核字(2016)第158064号

Authorized reprint from the English language edition, entitled Smart-Kids Mathematics: Grade R, ISBN 978-1-77578-465-4 by Robyn Brice, Anne Hathway, published by Pearson Education, Inc., publishing as Pearson Education South Africa (Pty) Ltd, Copyright © 2010.

All rights reserved. No part of this book may be reproduced or transmitted in any form or by any means, electronic or mechanical, including photocopying, recording or by any information storage retrieval system, without permission from Pearson Education Inc.

English Reprint/adaptation published by Pearson Education Asia Limited Copyright © 2016.

中文简体字版权属天津科技翻译出版有限公司。

出　　　版：	天津科技翻译出版有限公司
出 版 人：	刘　庆
地　　　址：	天津市南开区白堤路244号
邮政编码：	300192
电　　话：	(022)87894896
传　　真：	(022)87895650
网　　址：	www.tsttpc.com
印　　刷：	天津市银博印刷集团有限公司
发　　行：	全国新华书店
版本记录：	880×1230　16开本　4.25印张　100千字
	2016年8月第1版　2016年8月第1次印刷
	定价：28.00元

(如发现印装问题，可与出版社调换)

出版者的话

《奔跑吧,数学:探索奇妙的数学世界》(英汉双语)(1~4级)是从国际著名教育出版机构英国培生教育集团引进的数学学习益智书,真实反映了国外小学生的现行教学内容,全面展现了国外小学生丰富多彩的学习场景。

为什么很多小学生不喜欢学习数学,学习效果不好,没有学习的兴趣?这恐怕和我们侧重于背公式,做习题,准备考试,这种比较枯燥的学习方式不无关系。这套丛书全面体现国外小学生要掌握的数学基础知识和英语表达,展现生动活泼的学习和游戏场景。读者可从中领会原汁原味的国外小学生的学习内容,学习简单的英语表达。同时,书中着重通过游戏让孩子亲自动手,寓教于乐,图文并茂,让孩子在提高动手能力的同时提高学习数学的兴趣。通过游戏的方式,让孩子在奇妙的数学世界中快乐地奔跑、遨游和探索。

书后备有小贴纸,可以增加孩子学习的乐趣。并贴心地配有"注释",介绍了每个小游戏的训练目的和训练方法,帮助孩子和家长一起打开学习数学的大门。每册学习完成后,家长可以为孩子颁发"证书",让孩子拥有满满的成就感。

这套丛书采用英汉双语对照的形式,既保留了原版英文,介绍了原汁原味的英语背景和地道的英语口语表达,又为方便孩子理解可以独立完成练习而增加了中文翻译,在学习数学技能、提高数学学习能力的同时,也能提高英语水平,可谓一书在手,一举两得。

目录
CONTENTS

Fun with one　1 的游戏　2

Tasty two　美味的 2　3

Butterfly three　3 是蝶形　4

What's next?　下一个是什么?　5

Day or night?　白天还是晚上?　6

Fantastic four　神奇的 4　7

High five　举手击掌　8

Can you count?　你会数数吗?　9

Balls and boxes　球体和立方体　10

Look at me!　看着我!　11

Number jump　数字跳跃　12

Where is it?　它在哪儿?　13

Round and round we go　我们走了一圈又一圈　14

Supper time　晚餐时间　15

Are you sleeping?　你在睡觉吗?　16

Busy beads　忙碌的珠子　17

Animal safari　野生动物园　18

Peek-a-boo!　躲猫猫!　20

My toys　我的玩具　21

Baking day　烘烤的一天　22

Brush, brush　刷,刷　23

It's my birthday!　我的生日!　26

Camp out　露营　27

More sum fun　求和游戏　28

Monster fun　怪物游戏　29

Perfect patterns　完美的图案　30

Slow six　缓慢的 6　31

Seeds and seven　种子和 7　32

Sum fun　数数游戏　33

Party time!　派对时间!　34

Around the square　正方形的一周　35

What's in the book?　盒子里有什么?　36

Crown jewels　皇冠上的珠宝　37

A juicy tale　有趣的故事　38

Taking a trip　旅行　39

Pour me some more　给我多倒一些　40

Snowflake　雪花　41

Farmer Jaco's animals　农夫 Jaco 的动物　44

Easy eight　流畅的 8　45

Nifty nine　漂亮的 9　46

Exploring space　探索太空　47

Terrific ten　很棒的 10　48

Zippy zero　活泼的 0　49

Ready, steady, go!　各就各位,预备——跑!　50

Treasure hunt　寻宝游戏　51

Soup's up!　给汤调味!　52

Tidy-up time　清理房间时间　53

Where is it?　它在哪里?　54

More animals　更多的动物　55

Double me　翻倍　56

Flying high　高飞　57

At the park　公园里　58

Fill the tanks　装满水箱　60

Notes　注释　61

Fun with one 1 的游戏

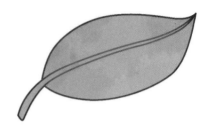

1 one

Colour the blocks with 1 leaf. 将有 1 片叶子的方框涂色。

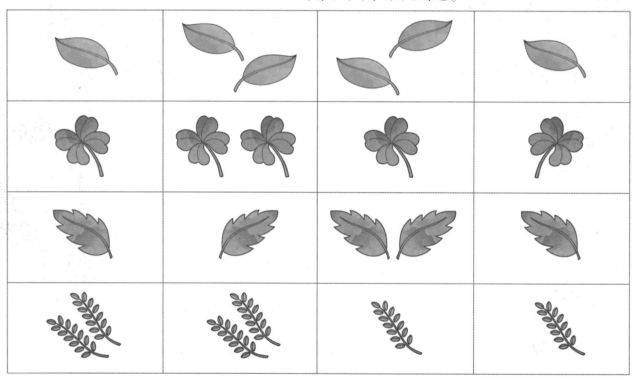

Can you write 1? 你会写 "1" 吗?

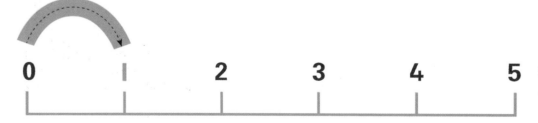

0   1   2   3   4   5

Tasty two 美味的 2

2 two

Colour the blocks with 2 fruits.
将有 2 个水果的方框涂色。

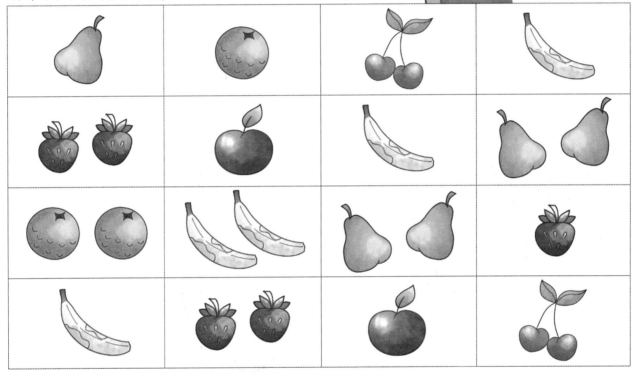

Can you write 2? 你会写"2"吗?

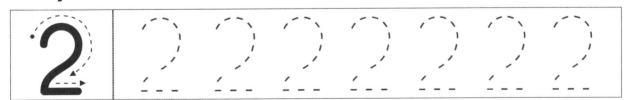

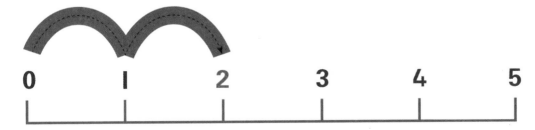

0 1 2 3 4 5

Butterfly three 3是蝶形

3 three

Complete the butterflies. Stick spots on their wings. Each butterfly needs 3 spots on each side of its body.

将蝴蝶画完整。粘贴它们的翅膀。每只蝴蝶的每只翅膀上有3个斑点。

Can you write 3? 你会写"3"吗?

0　1　2　3　4　5

What's next?

下一个是什么?

Draw the shapes that come next. Colour them in.

按规律画出后面的图形,并为它们涂色。

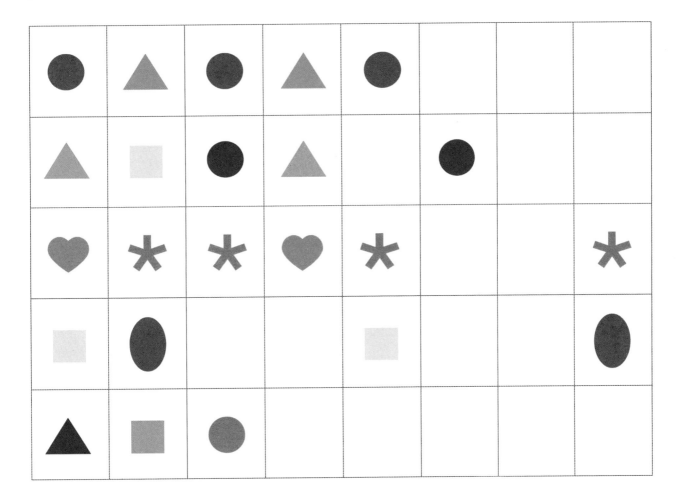

Use your stickers to decorate the watchstrap.

用你的贴纸装饰表带。

Day or night?

白天还是晚上?

When do you do different things?
你什么时候做这些不同的事情?

Draw lines from the pictures to the sun or moon.
将图片与太阳或者月亮连线。

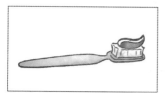

When is it light? When is it dark?
什么时候是亮的? 什么时候是黑暗的?

Fantastic four
神奇的 4

Circle the pictures with 4 of the same.
将下面有4个相同部分的图圈出来。

Give each ladybird 4 spots. Colour the ladybirds in.
为下列每一个瓢虫画4个斑点。并为瓢虫涂色。

Can you write 4? 你会写"4"吗?

 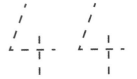

0   1   2   3   4   5

High five

举手击掌

5 five

Colour the dominoes with 5 dots. 将有5个圆点的多米诺骨牌涂色。

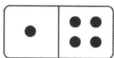 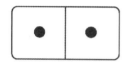 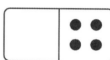 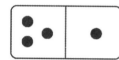

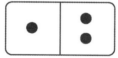 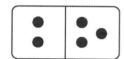 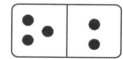 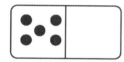

Make 5 in each picture. Colour the pictures.

使每个图增加到5。并为图片涂色。

Can you write 5? 你会写"5"吗?

 5 5 5 5 5 5 5

0　1　2　3　4　5

Can you count? 你会数数吗?

| 1 · | 2 : | 3 ∴ | 4 ∷ | 5 ⁙ |

How many of these can you find in the picture?
Circle the number. Write the number.

在图片里你能找出多少个下面的图案? 圈出相应的数字,并写下这个数字。

  1 2 3 4 5 ☐

  1 2 3 4 5 ☐

  1 2 3 4 5 ☐

  1 2 3 4 5 ☐

  1 2 3 4 5 ☐

  1 2 3 4 5 ☐

Which answers are more than 3? 哪些答案大于3?
Colour the blocks green. 将这些方框涂成绿色。
Which answers are less than 3? 哪些答案小于3?
Colour the blocks yellow. 将这些方框涂成黄色。
Stick 5 flowers in the box. Count them.
在下面方框中粘贴5朵花。数一数。

Skill: counting

Balls and boxes 球体和立方体

 ball
球体

box
立方体

How many **?** **Colour them in.**
有多少个球体? 将它们涂色。

 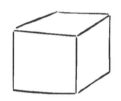 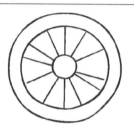

How many **?** **Colour them in.**
有多少个立方体? 将它们涂色。

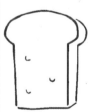 

Which things roll? 哪些物品是滚动的?
Which things slide? 哪些物品是滑动的?

Look at me! 看着我！

Complete and colour the pictures of Emma.
完成 Emma 的画像并涂色。

front　　　　　　　　　　　back
前面　　　　　　　　　　　后面

How many fingers on one hand? ☐
一只手有多少根手指？

How many eyes? ☐　　**How many noses?** ☐
有几只眼睛？　　　　　　有几个鼻子？

Numberjump 数字跳跃

How many jumps has each frog made?

每只青蛙跳跃了多少下？

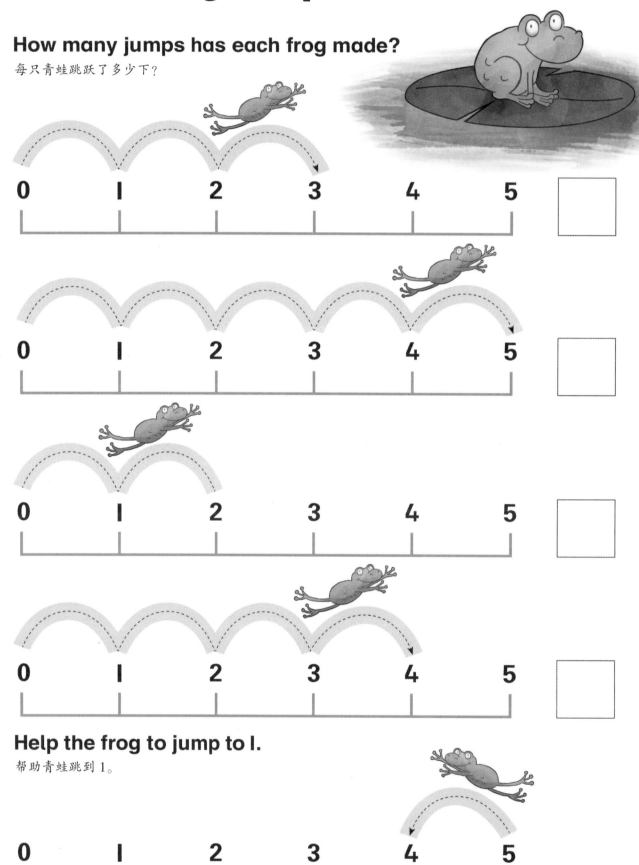

Help the frog to jump to 1.

帮助青蛙跳到 1。

Where is it? 它在哪儿?

in 在……里   on 在……上   next to 在……旁边

Where's the mouse? Circle the correct pictures.
老鼠在哪儿？圈出正确的图片。

Draw your own pictures.
画出你自己的图片。

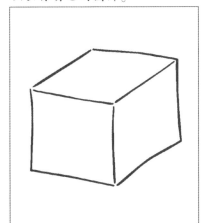
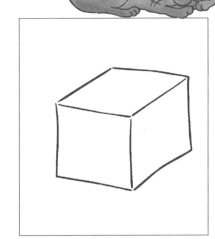
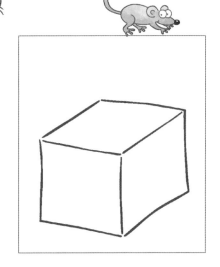

in 在……里   next to 在……旁边   on 在……上

Round and round we go
我们走了一圈又一圈

circle
圆圈

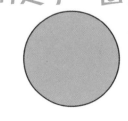

Complete the circles. 完成这些圆圈。

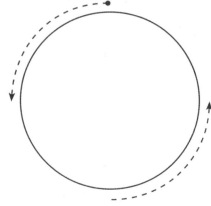

Which is the clock's shadow? 下面哪一个是钟表的影子？

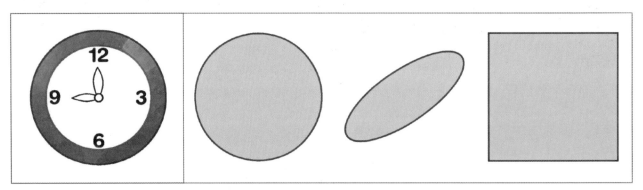

Complete the ladybirds. 将这些瓢虫补充完整。

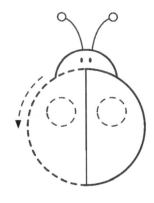
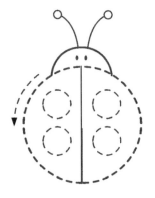
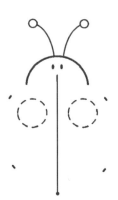

Supper time
晚餐时间

Colour all the bigger things green.
Colour all the smaller things yellow.
将所有大的物品涂成绿色。将所有小的物品涂成黄色。

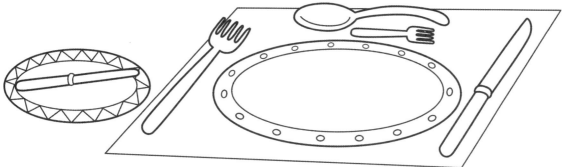

Which are the biggest? Colour it orange.
哪个最大？将它涂成橙色。
Which are the smallest? Colour it blue.
哪个最小？将它涂成蓝色。

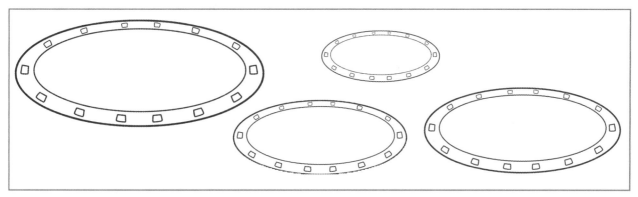

Are you sleeping? 你在睡觉吗?

Which animals sleep during the day? 哪些动物在白天睡觉？
Colour these animals. 将这些动物涂色。

How many?
有多少?

Busy beads 忙碌的珠子

Emma and Mandla are making patterns with beads. Can you help them?
Emma 和 Mandla 正用珠子做串珠。你能帮助他们吗?

1. **Use your stickers to complete the patterns on strings 1, 2 and 3.**
   用你的贴纸完成1、2、3三根绳子上的串珠。
2. **Draw your own pattern on string 4.**
   在第4根绳子上画出你自己的串珠。

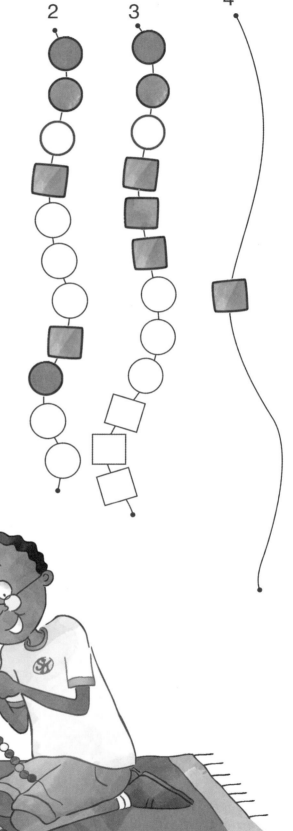

17

Animal safari 野生动物园

Jaco is in the game reserve.
Jaco 在禁猎区。

Choose a sticker to show which animal is: 选出符合下面描述的动物贴纸：

longest
最长的

heaviest
最重的

tallest
最高的

Skill: measurement

How many of each animal did Jaco see?
每种动物 Jaco 看到了多少？
Put stickers in the blocks above the animal.
将贴纸贴在所示动物上方的方框中。

Were there more  **or** ?
蛇或斑马哪种更多？　　　　　　或者
Circle the most.
圈出最多的。

Peek-a-boo! 躲猫猫！

in front
在……前面

behind
在……后面

Where is the ball? Colour the matching pictures.
球在哪儿？将相应图片涂色。

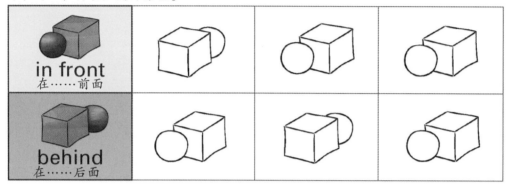

Where are the kittens? 小猫在哪儿？

Colour the kittens in front **brown.** 将在前面的小猫涂成棕色。

Colour the kittens behind **orange.** 将在后面的小猫涂成橙色。

20

My toys 我的玩具

Help Mandla count the shapes.
帮助 Mandla 数一数下列形状的个数。

How many?
有多少个立方体？

How many?
有多少个球体？

Baking day
烘烤的一天

Help Lebo count the number of sweets on each biscuit.
帮助 Lebo 数出每块饼干上糖果的数量。

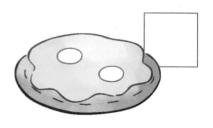
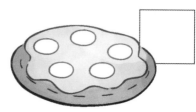

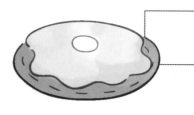
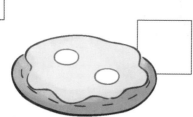

Colour: 涂色

- the **most** sweets purple　糖果最多的涂紫色。
- the **fewest** sweets pink　糖果最少的涂粉色。
- the **same** number of sweets blue.　数量相同的糖果涂蓝色。

Which biscuits are left? Colour them:　哪些饼干是剩下的？将它们涂色：

- green if there are fewer than 4 sweets　少于4个糖果的涂绿色。
- yellow if there are more than 3 sweets.　多于3个糖果的涂黄色。

Brush, brush 刷,刷

Mandla is brushing his teeth. Mandla 正在刷牙。
Colour in the pictures. Cut out the blocks. 将图片涂色。剪下这些方框。

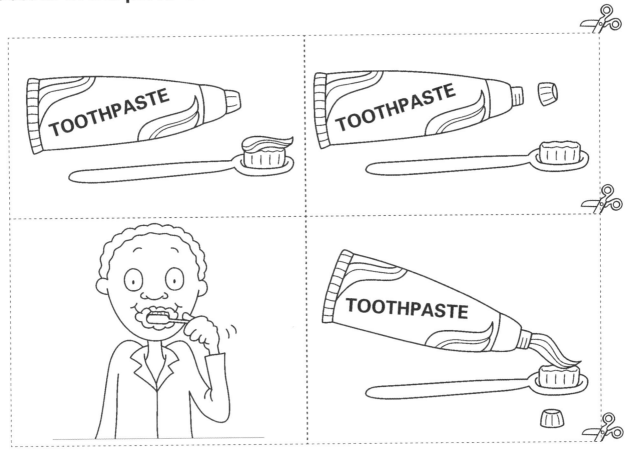

You are going to stick your pictures on the next page. 你要把剪下的图片按顺序贴到下一页。

Brush, brush
刷,刷

Paste the pictures from page 23 in the correct order. Draw your own pictures in the last two blocks.

将23页上剪下的图片按正确的顺序粘贴。在最后的两个方框中画出自己想象的图片。

1.	2.
3.	4.
5. What next? 下一步？	6. What did Mandla do first? Mandla 首先要做什么？ 7. What did Mandla do last? Mandla 最后要做什么？

It's my birthday!
我的生日！

Draw the balloon strings. 画出系气球的绳子。
Circle the balloon with the longest string.
圈出绳子最长的气球。

Match the gift to its box. 给礼物配上盒子。

Camp out 露营

triangle
三角形

Complete the triangles. 完成这些三角形。

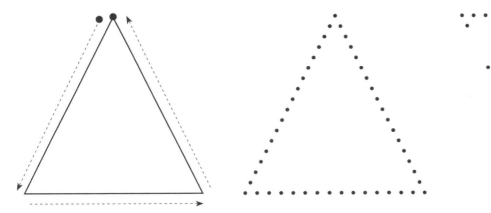

Copy the picture and colours. 复制这个图片和颜色。

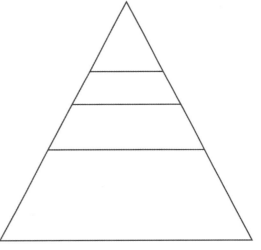

Colour the triangles. 将三角形涂色。

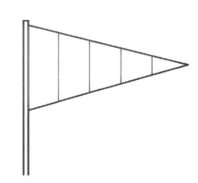

More sum fun
求和游戏

How many **?**

有多少个星星？

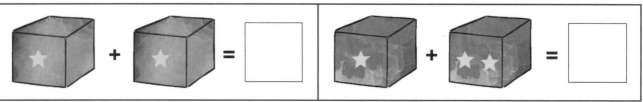

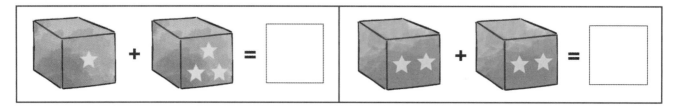

How many? 有多少？

Now draw I more. 现在我再画1个。

How many now? Write down the number. 现在有多少？写下数量。

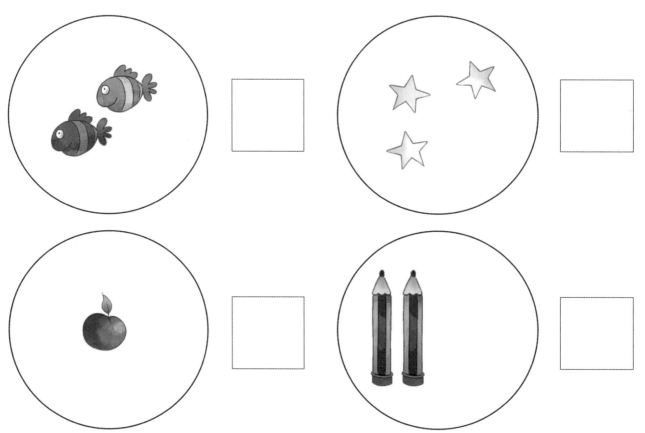

Monster fun
怪物游戏

Give the monster: 让这个怪物有：

9 fingers 　3 noses 　4 eyes
9 根手指　　　　　　3 个鼻子　　　　　　4 只眼睛

lips 　10 teeth　8 ears
嘴唇　　　　10 颗牙齿　8 只耳朵

Perfect patterns
完美的图案

Use your stickers to make patterns on the scarves.
用你的贴纸在这些围巾上做图案。

Use: 3 ▲ 3 ■ 3 ●

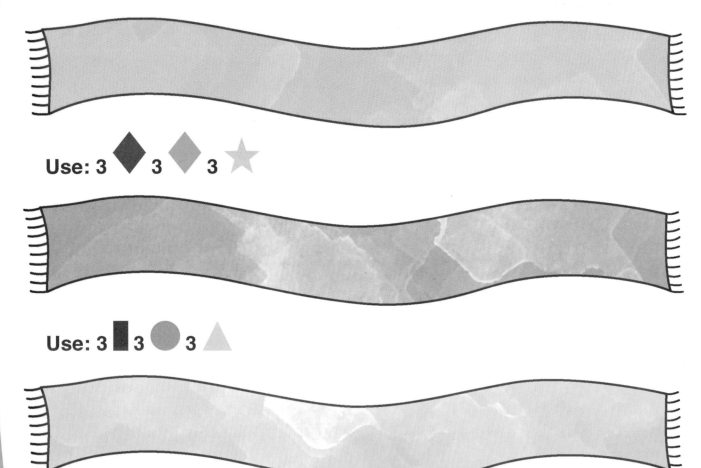

Use: 3 ◆ 3 ◆ 3 ★

Use: 3 ■ 3 ● 3 ▲

Draw your own pattern. 画出你自己的图案。

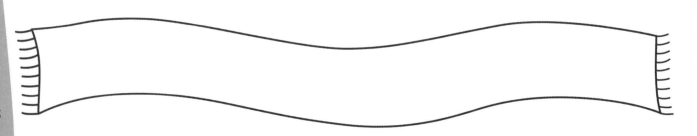

Slow six
缓慢的 6

6 six

Circle 6 snails. 圈出 6 只蜗牛。

How many are left?
剩下多少只？

Stick 6 tortoises here: 在这里贴出 6 只乌龟：

Can you write 6? 你会写"6"吗？

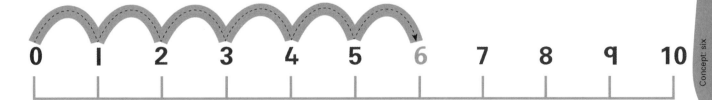

Seeds and seven 种子和7

7 seven

Draw the missing petals. 画出缺少的花瓣。

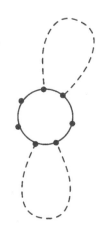

How many petals?
有多少个花瓣?

Water the seeds. 为种子浇水。

How many seeds are being watered?
正在给多少粒种子浇水?

Can you write 7? 你会写"7"吗?

0 1 2 3 4 5 6 7 8 9 10

Sum fun 数数游戏

How many? 有多少？

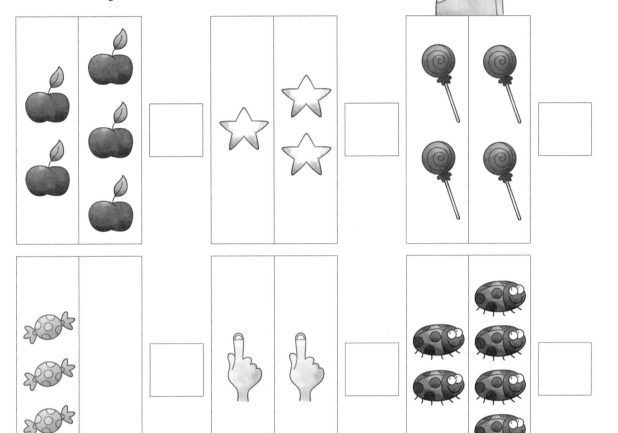

Use your stickers. Make 5.
用你的贴纸贴成 5 个。

Make 1 less than 3.
比 3 少 1 个。

Make 1 more than 3.
比 3 多 1 个。

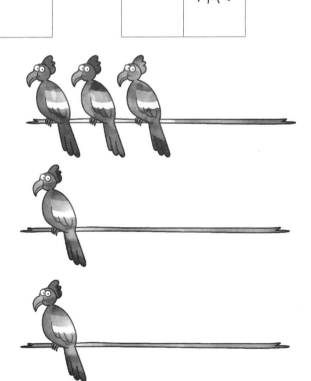

Party time!

派对时间！

Fill in the missing dots and numbers.

将缺少的圆点和数字填上。

| 0 | | 2 | | | 5 | | | |

Draw or count the candles.

画出或者数出蜡烛。

| 2 | | 7 | |

Colour 7 sweets and 7 hats. How many are left?

将7个糖果和7顶帽子涂色。剩下多少？

Around the square
正方形的一周

square

正方形

Complete the squares. 完成这些正方形。

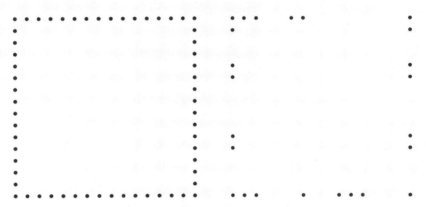

How many yellow squares **can you find?** 你能找到多少个黄色的正方形？
Draw around each one with your finger.
用你的手指画出每一个正方形。

Complete the squares. **Count the hearts.** 完成这些正方形。并数一数有多少颗心。

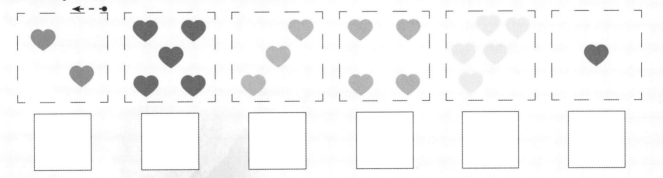

What's in the box?
盒子里有什么?

Heavy or light?
重或轻?

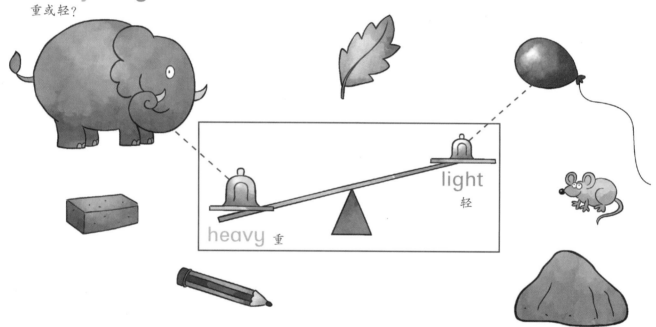

Draw something in the box that is:
在盒子里画出相应的东西：

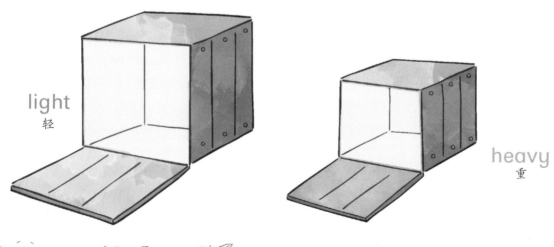

Crown jewels 皇冠上的珠宝

Draw beads on the necklaces to complete the patterns. Colour the beads.
在项链上画出珠子完成图案。将珠子涂色。

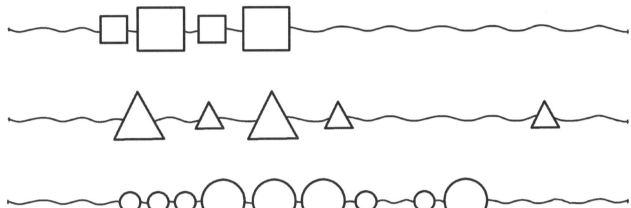

Add the missing jewels to complete the crown. Colour the crown.
将缺少的珠宝补上去,完成这个皇冠。将皇冠涂色。

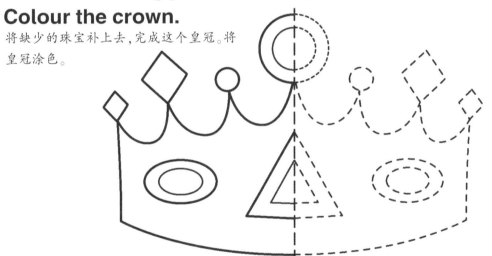

Complete and colour the queen's rings.
补全女王的戒指并涂色。

  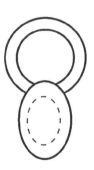  

A juicy tale 有趣的故事

full 满的   empty 空的

Tell the story. 讲个故事。

Colour these in to show they are full:
涂色展示出它们是满的：

Taking a trip 旅行

Emma and Lebo are going on a trip. Emma 和 Lebo 准备去旅行。
Who is standing next to the car? 谁站在汽车的旁边？

Colour: 涂色：

- the children **in** the car **red**
  将汽车里面的孩子涂成红色。
- the road **under** the car **green**
  将汽车所在的马路涂成绿色。
- the ball **in front** of the car **blue**
  将汽车前面的球涂成蓝色。
- a suitcase **on** top of the car **yellow**
  将汽车顶部的行李箱涂成黄色。
- the bird **on** top of the suitcase **brown**
  将行李箱上面的鸟涂成棕色。
- the box **behind** the car **orange**
  将汽车后面的盒子涂成橙色。

Pour me some more
给我多倒一些

Draw: 画一画：

less than
少一些

more than
多一些

Make sure each bottle has more than the one before it.

保证每个瓶子都比前一个瓶子装得多。

Make sure each glass has less than the one before it.

保证每个玻璃杯都比前一个杯子装得少。

Snowflake
雪花

1. **Cut out the circle.** 剪下这个圆。
2. **Fold it in half.** 对折。
3. **Fold the semi-circle in half.** 将半圆对折。
4. **Cut out the blue shapes.** 将蓝色图形剪下来。
5. **Unfold your snowflake.** 展开你的雪花。
6. **Paste it on page 43.** 将它粘贴到第43页上。

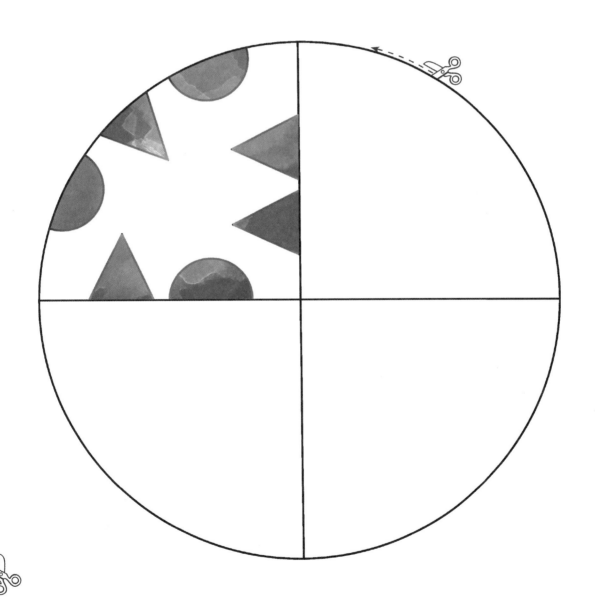

Snowflake 雪花

Paste your snowflake on the blue circle. 将你的雪花粘贴到蓝色的圆上面。
What do you notice about the shapes? 你注意到这些形状有什么特点?

Farmer Jaco's animals
农夫 Jaco 的动物

Farmer Jaco can't remember how many animals he has. Can you help him?
农夫 Jaco 记不清自己有多少动物。你能帮助他吗?

Easy eight 流畅的 8

8 eight

**Follow the numbers to complete the picture.
Colour in the picture. Count the tentacles.**
按数字依序完成这幅画。将图片涂色。数一数触角。

Stick 8 fish in the sea.
在海里粘贴 8 条鱼。

Can you write 8? 你会写"8"吗?

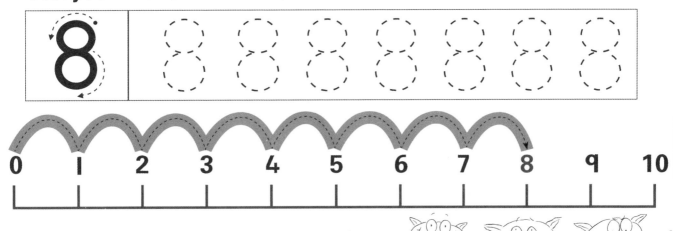

Nifty nine 漂亮的 9

9 nine

Draw 9 carriages on the train. Colour the train.
在火车上画9节车厢。将火车涂上颜色。

Number each carriage.
给每节车厢编号。

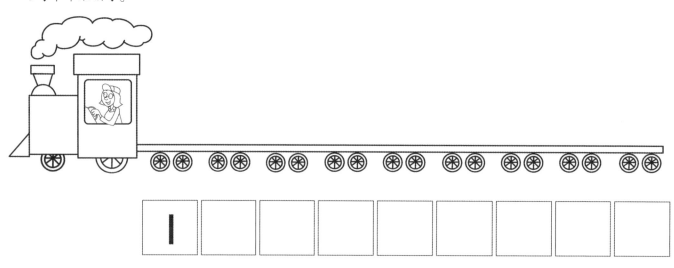

| 1 | | | | | | | | |

How many wheels on each carriage?
每节车厢有多少个轮子？

Can you write 9? 你会写"9"吗？

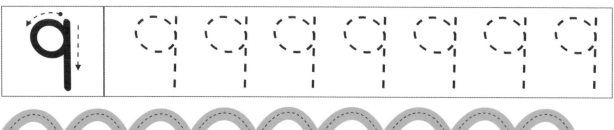

Exploring space
探索太空

Complete the pictures. 完成这些图片。
Colour them. 将它们涂色。

Terrific ten
很棒的 10

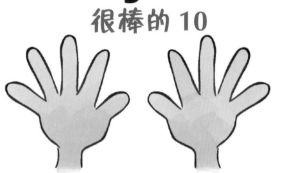

10   ten

Count to 5 and colour the blocks orange. 数到5并将这些方框涂成橙色。
Count to 10 and colour the blocks blue. 数到10并将这些方框涂成蓝色。

	1			1	2
	2		10		3
	3		9		4
	4		8		5
	5		7	6	

What number can you see? 你能看见什么数字?

Can you write 10? 你会写"10"吗?

Zippy zero 活泼的 0

0 zero

Colour the biscuits with 0 chocolate chips.
将没有巧克力片的饼干涂色。

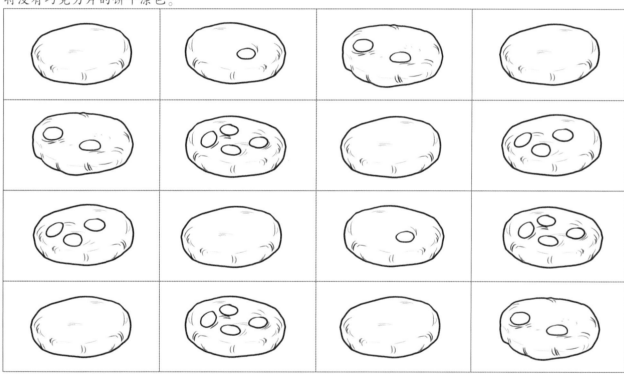

Can you write 0? 你会写"0"吗？

0 1 2 3 4 5 6 7 8 9 10

Ready, steady, go!

各就各位，预备——跑！

Colour the block the same colour as the first car.
将方框涂上与第一辆车相同的颜色。

Colour the block the same colour as the last car.
将方框涂上与最后一辆车相同的颜色。

Draw the car you would like to drive.
画出你想开的那辆车。

Treasure hunt 寻宝游戏

Ravi is pretending to be a pirate!
Ravi 假装是一个海盗！

rectangle
长方形

Complete the rectangles.
完成这些长方形。

Help the pirate reach the treasure.
帮这个海盗得到宝藏。

Colour the rectangles to make a path.
将长方形涂色形成一条路径。

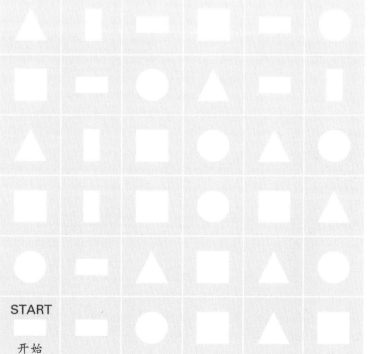

START
开始

51

Soup's up! 给汤调味！

How many:
有多少：

Of which vegetable are there:
哪种蔬菜是：
- the **most**? Colour the box green.
  最多的？将方框涂成绿色。
- the **fewest**? Colour the box blue.
  最少的？将方框涂成蓝色。
- **equal** amounts? Colour the box pink.
  数量相同的？将方框涂成粉色。

Draw the vegetables in the second bowl.
在第2个碗里画出这些蔬菜。

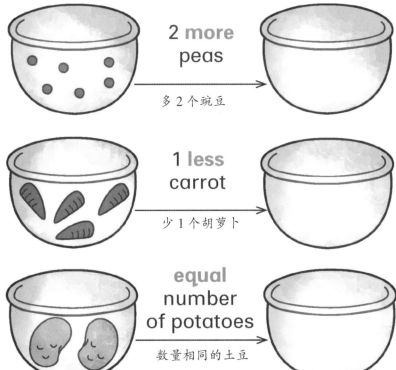

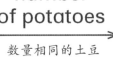

Tidy-up time 清理房间时间

Can you help tidy up Lebo's playroom?
你能帮助清理 Lebo 的玩具室吗?
Draw lines to match the objects on the floor to the boxes.
将地板上的物品与相匹配的盒子连线。
Colour the objects.
将物品涂色。

Where is it? 它在哪里?

Colour: 涂色：

- the hot tap on Emma's left in red 将 Emma 左边的热水笼头涂成红色。
- the cold tap on Emma's right in blue 将 Emma 右边的冷水笼头涂成蓝色。
- the toothpaste in front of the cup orange 将杯子前面的牙膏涂成橙色。
- the cup behind the toothpaste green 将牙膏后面的杯子涂成绿色。
- the cupboard above the basin brown 将水盆上的橱柜涂成棕色。
- the mat below Emma's feet yellow 将 Emma 脚下的垫子涂成黄色。

More animals
更多的动物

Farmer Jaco has bought more animals. Draw them.
Write the number.
农夫Jaco买了更多的动物。把它们画出来。并写下数量。

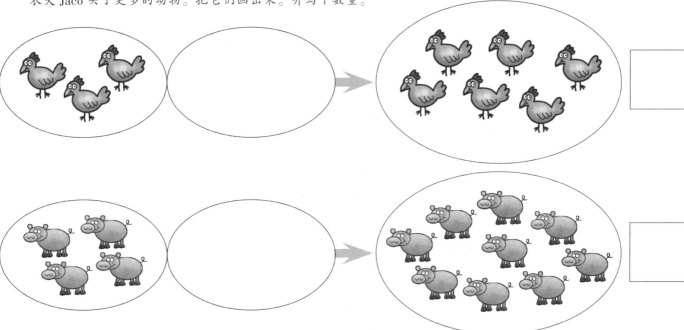

Farmer Jaco has sold more animals.
农夫Jaco卖了许多动物。
Draw how many animals are left. Write the number.
画出剩下多少动物。并写下数量。

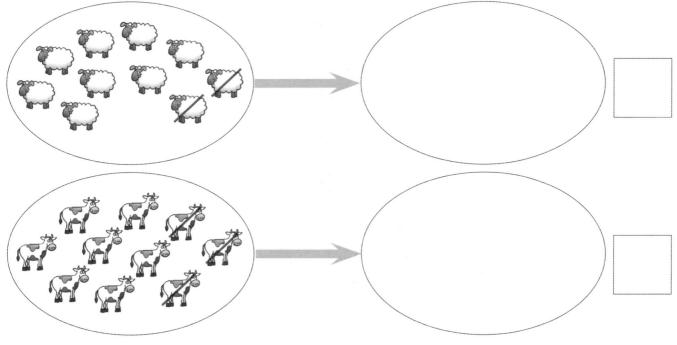

Skill: subtraction

55

Double me 翻倍

Draw the ladybird's spots.
Write the numbers.
画出瓢虫的斑点。并写下数量。

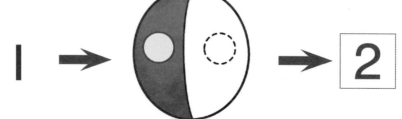

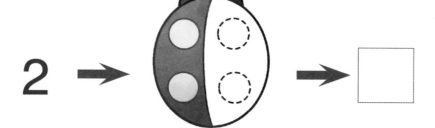

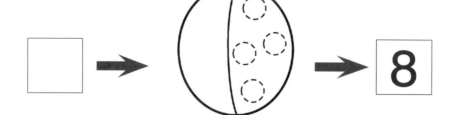

Flying high
高飞

diamond
菱形

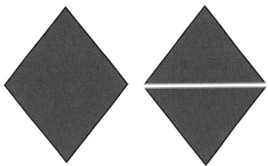

Complete the diamonds. 完成这些菱形。

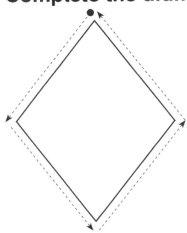

Finish the kites.
完成这些风筝。
Draw triangles on the tails.
在尾部画出三角形。

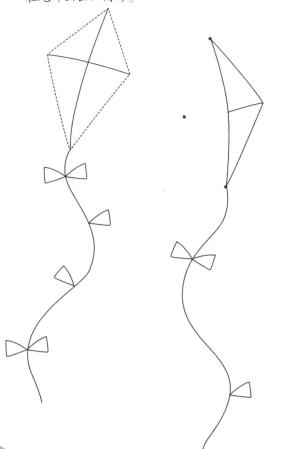

Concept: shapes

57

At the park 公园里

What are the children doing?
孩子们在做什么？

How many can you see?
你能看见多少？

Skills: counting, collecting data

How many children  are playing on these things?

有多少个孩子在玩儿这些东西？

Use your stickers to show how many children you can see on each thing.

用你的贴纸展示出你看到每个游戏有多少个孩子在玩儿。

How many children are playing in the park?

有多少个孩子在公园里玩儿？

Fill the tanks
装满水箱

The aquarium has bought some new sea creatures.
水族馆买了一些新的海洋生物。
Draw the new sea creatures in each tank to match the number in the circle.
在每个水箱中画出一些新的海洋生物，使其与圈中的数字相匹配。

How many did you add?
你增加了多少？

⑥

⑨

⑦

⑩

Notes
注释

下面是帮助孩子的活动指南：
- 不管你觉得是否需要，使用真实的对象，以帮助孩子理解一个概念，例如：2个餐叉加上2个餐叉等于4个餐叉。
- 开始前的活动，收集任何你需要的材料。
- 和孩子一起阅读注释。
- 孩子们能够集中精力的时间很短，所以让孩子一次做1~2页即可。

P2

确保孩子将所有含有1个树叶的方框涂上颜色，鼓励他一行从左到右涂色。

P3

在做这项活动之前，让孩子找到相同的两个物体，例如：2个餐叉，2本他最喜欢的故事书。确保孩子将含有2个水果的8个方框都涂上颜色。鼓励他从左到右涂色。

P4

让孩子用贴纸贴出完整的蝴蝶。也要确保他从第一个所指示的点开始。这便于练习数字3。通过要求孩子给你拿不同数量的物品来强化孩子关于数字1、2、3的概念，如："请从桌子上给我拿3个汤匙"。

P5

确保孩子从左到右操作时，完成方框中的图案。帮助他注意图案是由重复的颜色和(或)形状产生的。在最后一部分的活动中，孩子用4张红色的菱形贴纸和4张绿色的星星贴纸创造出属于自己的图案。
答案：第1行：蓝色三角形，红色圆形，蓝色三角形；
第2行：黄色正方形，绿色三角形，黄色正方形；
第3行：橙色星星，粉色心形；
第4行：黄色正方形，红色椭圆形，红色椭圆形，黄色正方形；
第5行：紫色三角形，绿色正方形，橙色圆形，紫色三角形，绿色正方形。

P6
和孩子谈论每个图片。让他将做的事情归类，分类为白天或者黑天。例如：刷牙。通过画线让他展示出白天和晚上都做哪些事情。

P7

在做这项活动前后，在家里为孩子创造机会练习数4个物体。
答案：椅子有4条腿，风筝的尾部有4条绸带。

P8

让孩子数他每一只手的手指。这就强化了5的概念。这也可以延伸到脚趾。确保孩子明白他应该总共有5个点的多米诺骨牌涂色。

P9

本项活动将帮助孩子了解数字1到5的概念。在做这项活动之前确保他可以从1数到5。
答案：5个花瓣，3片树叶，2只瓢虫，4个根茎，1个茎；5个花瓣，4个根茎，3片树叶，2瓢虫，1个茎。

P10
确保孩子了解圆圈和球体的不同，立方体和盒子的不同。你可以告诉他，球是一个球体，盒子是一个立方体。在房子的附近找到球或者盒子形状的物体。例如：球，橙子，固体汤料，骰子。在孩子尝试活动之前，说出每个图片的名称。
答案：3个球体；4个立方体；滚动的东西：玻璃球，橙子，足球（也可以是车轮和时钟）；滑动的东西：冰块，玩具盒，骰子，礼物。

P11
探讨身体前部和后部的不同。和孩子看着镜子一起讨论身体的前部。保持另一个镜子可以看到身体的后部。谈谈你的看法。
你可以沿中心对折，这样孩子可以看到前部和背部是分开的。帮助孩子找出每个图片缺少的部分。

P12

确保孩子前四个是从左到右的操作，然后最后一个是从右到左操作。指出这些数字会随着向右画线越来越大，向左画线越来越小。让孩子沿着虚线（前四行）并延伸画到最后面的虚线。
答案：3, 5, 2, 4。

P13
和孩子玩一个"它在哪儿"的游戏，介绍位置的概念。共同选一个物体，要求他闭上眼睛并把物体藏起来。让他找到这个物体并且描述它在哪儿。例如：在橱柜里，在架子上。孩子可以选择在绘图的活动中绘制这个对象。

P14

确保孩子从顶部逆时针方向开始画圆圈。并问他一个圆有多少个面，有多少个角。（一个圆有一个面，没有角）。当你开车的时候，可以和孩子玩一个游戏，在周围环境中识别圆。

P15
大小对于孩子不应该是一个新的概念，因为孩子总是在对事物进行比较，包括他们与其他孩子比较大小！
答案：较大的物品（绿色）：大盘子，大餐叉，大刀，大玻璃杯，大汤匙；较小的物品（黄色）：小盘子，小餐叉，小黄油刀，小茶匙，小玻璃杯；第一排最大的物品是：右边的玻璃杯；第二排最大的物品是：左边的盘子。

P16
和孩子讨论为什么一些动物在晚上是不睡觉而在白天睡觉。给他举个例子。例如：蝙蝠，猫头鹰。解释为什么我们叫它们"夜间动物"。让孩子给动物涂色，然后给它们起名字。
答案：2只猫头鹰，3只蝴蝶，2只猫，1只飞蛾。

P17
确保孩子用正确的珠子完成1,2,3三根绳子上的串珠，帮助孩子在第4根绳子上画出自己设计的串珠图案。

P18, P19

说出动物名称并讨论图片中动物的长和短，高和矮，重和轻的概念。（长物体是水平的，高物体是垂直的。）帮助孩子完成这个图表；让他数出第18页图片中每一类动物的数量，选择数量正确的贴纸，将这些贴纸贴在图表的每个方框中。鼓励孩子用完成的图表回答第19页底部的问题。
答案：最高的动物是长颈鹿，最长的是蛇，最重的是大象；图表：第一栏有3张蛇的贴纸，第二栏有4张大象的贴纸，第三栏有2张斑马的贴纸；在图片中蛇比斑马多。

P20
和孩子谈论周围环境中前后位置摆放的物品。检查他小猫的涂色是否正确。
答案：盒子前面有4只猫，盒子后面有4只猫。

P21
本项活动进一步加深孩子对立方体和球体的理解，并给他一些计数的练习。鼓励他给图片中的每一个物体命名。他有这些东西吗？对这些形状的概念做额外的练习，让孩子用橡皮泥做一个立方体和球体。
答案：立方体：玩具盒，骰子，玩具箱，立方体字母块（2个）；
球体：网球，橙子，足球，雪景球，沙滩球。

P22
用一些家用物品，如茶匙和塑料杯给孩子实际演示"最多"、"最少"和"相等"是什么。
答案：孩子应该在有5个糖果的饼干上，将糖果涂成紫色。将有1个糖果的饼干上的糖果涂成粉色，将有2个糖果的饼干上的糖果涂成蓝色。

P23~P25
问问孩子，他认为图片上发生了什么。帮他找出先后顺序。然后让他将图片涂色。下面展示给他如何剪图片。让他按正确的顺序摆放图片，将它们粘贴到第25页。
和孩子讨论，他认为第4张图片后会发生什么。例如：Mandla漱口/把牙膏牙刷放好/洗脸。这是一个开放性的活动，没有标准的答案。让孩子解释为什么他这样想象下一步的行动。

P26
本项活动拓展了孩子对长度概念的理解。让他将气球与下面颜色相同的圆点连线。最后的任务，帮助你的孩子思考每个礼物的长度和每个盒子的长度，以便能够正确地将它们匹配。让他找出最长和最短的盒子，将与礼物相匹配的盒子连线。
答案：橙色气球的绳子最长。

P27

解释一个三角形有三个角和三条边。在连接虚线前让孩子练习用手指画出每一个三角形。让他试着从家到学校的路途中能找出三角形，从而帮助他对周围环境中的形状有更多的认识。

P28
本项活动是培养孩子解决数学问题的能力，同时发展他的数字概念。在完成每个任务之前，让他解释他是如何思考解决这个问题的。讨论"+"和"="，并解释它们的意义。
答案：加法：2,3,4,4；加1：3,4,2,3。

61

P29
本项活动为孩子提供了一些数字练习，让他用自己的想象力来制造一个可怕的怪物！确保他能明白怎么做，让他自己独立完成这个活动。让孩子展示他完成的怪物和他画的不同部分。

P30
孩子将使用贴纸完成前三条围巾。确保他知道每一条围巾用哪些贴纸。提醒他，按同一顺序重复贴纸创建图案。他可以在最后一条围巾上用任何颜色画出任意形状或物体来创建图案。

P31
孩子可以圈出 6 只单独的蜗牛或 1 组 6 只蜗牛都是正确的。为了加深数字 1 到 6 的概念，你可以和孩子用一个骰子玩棋盘类的游戏。
答案：剩下 6 只蜗牛。

P32
让孩子在数出多少花瓣之前，画出花瓣并涂色。让他数出多少粒种子需要浇水，并写在方框里。让他来回地在数字线上练习。

P33
本项活动告诉孩子，加法是一种可以用来解决问题的方法。帮助孩子提高问题的能力，可以先让他标示出每一张图片中有多少物品，然后将垂直线两边的物品相加得到答案。
答案：5,3,4,3,2,6。

P34
本项活动让孩子巩固练习数字 1~7 的数数。帮助他理解第一项任务中他要做什么，也就是对应数字画出圆点或者是在方框里写出与每段对应的数字。
答案：2 个圆点，3 个圆点，5 个圆点，6 个圆点，8 个圆点；1,3,4,6,7,8；2 个蜡烛，5,7 个蜡烛，4。剩下 3 个糖果和 1 顶帽子。

P35
让孩子画一些立方体形状的物体来做正方形。指出正方形有四条边的长度是相同的，四个角也是相同的。在第二项任务中，让他能数出 1 个大的正方形，4 个较小的正方形以及 1 个最小的正方形。
答案：有 6 个正方形；心：2,5,3,4,5,1。

P36
孩子需要将重的物体与天平的左边连线，轻的物体与天平的右边连线。在第二项任务中，大的箱子放轻的物体，小的箱子放重的物体，这说明了大小和质量并不总是对应的。
答案：轻的：树叶，铅笔，老鼠，气球；重的：大象，砖块，卵石/岩石。

P37
在第一项任务中孩子完成由大小不同的珠子组成的图案。他将缺少的珠子画上后，让他涂色并完成这个图案。帮助他认识到图案是通过按照相同的顺序重复某些元素创建出来的。该页上的其他任务是巩固孩子关于形状，对称性和大小的概念。
答案：第 1 条项链图案：1 个小正方形，1 个大正方形；第 2 条项链图案：1 个大三角形，1 个小三角形；第 3 条项链图案：3 个小圆，3 个大圆。皇冠：确保皇冠的左侧与右侧匹配。

P38
给孩子一个塑料杯和装满水的水壶。让他倒水玩儿。跟他说什么时候杯子是"满的"和"空的"。（这是一项适合洗澡时做的活动）帮助他用"满的"和"空的"讲故事。

P39
询问孩子，他认为图片里发生了什么事情。给他读题目要求，让他将他要涂色的物体和人指出来，然后让他自己涂色。

P40
和孩子一起泡壶茶，然后放凉了。指导他往杯子里倒入不同的量。例如："在这个杯子里多倒一点儿"，"往那个杯子倒的时候，少倒一点儿"。现在让他完成这项活动。根据指令确保每一个杯子里的液体多一点儿或者少一点儿。

P41~P43
让孩子仔细地折叠起来并剪下阴影部分。如果需要，帮助他把雪花粘贴在第 43 页蓝色的圆上面。把他的注意力吸引到剪下的图形的对称性上。

P44
这个活动是练习简单的加法。让孩子先分别数各自半边框里面的动物，然后再将它们一起数出来。例如："1 头，2 头""1 头，2 头，3 头"，然后一起数"1,2,3,4,5"，一共 5 头猪。
答案：5,7,5,5,6,6。

P45
一些孩子努力学习如何正确地写数字"8"。如果你的孩子需要额外的练习，可以让他用练习本或者一张纸来练习。确保他能按照正确的顺序将带有数字的圆点从 1 开始连接起来。让他将贴纸粘贴在页面上之后数这些鱼。

P46
确保孩子开始写"9"时笔序正确。让他画完火车的 9 节车厢后，在方框里填上数字 2~9。让他沿着数字线，从 1 数到 9。
答案：每节车厢有 2 个轮子。

P47
这是一个相当具有挑战性的活动，扩展了孩子对对称性的理解。鼓励他尽最大的努力画出每一个物体的另一半。当他完成时，让他给他画的另一半涂色。提醒他物体两边的颜色都是相同的。

P48
确保孩子在每次开始数"1"的时候在方框中涂色。当你和孩子唱数字歌时，如《10 个绿色的瓶子》，利用数字线指出相应的数字。
答案：10。

P49
给孩子解释"0"的概念，问他饼干上都有多少糖果。鼓励孩子从左到右一排排涂色。
答案：第 1 行方框 1，第 1 行方框 4，第 2 行方框 3，第 3 行方框 2，第 4 行方框 1，第 4 行方框 3。

P50
用"第一""第二""第三""下一个"和"最后一个"这些词语讨论每辆车的位置。
答案：1—紫色，最后一蓝色。

P51
这项有趣的活动是为了让孩子熟悉水平的和垂直的长方形。指出长方形有两条长边和相对的两条短边。给他看一个放倒的(水平的)和另一个是立起来的(垂直的)长方形。

P52
首先保证孩子明白"最多的"是数量最大，"最少的"是数量最少，"相同的"就是数量一样。如果有需要的话，用一些家庭用品、干豆或火柴棒，来举例说明，强化这些概念。第二项任务，他需要画碗里的东西比前一碗多或者少。
答案：最多—8 个豌豆，最少—1 根芹菜，数量相同—2 个土豆，2 个胡萝卜；画 8 个豌豆，3 个胡萝卜，2 个土豆。

P53
让孩子在地板上找到与盒子上图形相同的物体。然后要求他将物体涂上与盒子图形一样的颜色。他需要找出所有相同图形并涂上相应的颜色。

P54
在这项活动中，孩子需要用表示位置的词语来描述 Emma 的浴室里的物品。帮助他理解左和右。让他描述浴室里物品的位置。

P55
保证孩子在画增加的或剩下的动物之前，先数出每个圆圈里的所有动物。
答案：6,9,8,7。

P56
数字加倍意味着加上这个数字本身，例如：2 个 5 是 10 或者是 5+5=10。解释瓢虫的斑点，两面数量必须相等。让孩子在瓢虫上画斑点，然后计算出所有的斑点，并写在方框中。
答案：画 1 个斑点；画 2 个斑点；4；3，画 3 个斑点，6；4，在每一面画 4 个斑点。

P57
帮助孩子理解一个菱形是由两个基本的三角形构成的。为强化这个概念，你可以在一张纸上画些三角形，让他把它们变成菱形。让孩子认真完成这些风筝。鼓励他给这些菱形和三角形涂上不同的颜色。

P58, P59
和孩子讨论这个图片，然后让他找出所有的孩子。完成第 59 页上面的任务后，展现给他怎样用这些信息来完成这个图表。当图表完成后，帮助他计算贴纸的数量，并回答在公园里有多少个孩子。
答案：在公园里有 4 棵树，2 个木凳和 8 朵花；有 6 个孩子在荡秋千，3 个孩子在玩儿滑梯，2 个孩子在玩儿旋转盘，3 个孩子在玩儿跳房子。

P60
孩子知道水族馆是什么吗？告诉他关于水族馆的事情，或者如果可以的话带他去参观一下。解释一下水箱里的海洋生物是水族馆已经有的。每个圆圈里的数目是在画出新的生物之后，每个水箱里面的生物数。问孩子在每个水箱里他需要画多少条生物，在所提供的方框里，让他写下他所画的生物的数量。
答案：4 条小丑鱼，5 条海星，6 条水母，5 条海蛇。

Certificate

证书

已通过了《奔跑吧,数学》1级闯关!

Stickers

P 4

P 5

P 9

P 33

P 31

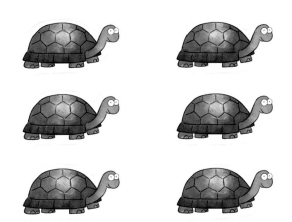

P 45

Stickers

P 18, P 19

P 17

P 30

P 59